什么是什么　德国少年儿童百科知识全书

全球气候

[德] 维尔内尔·布吉斯 等 / 著

[德] 埃贝尔哈德·埃门 / 绘

高建中 / 译

长江出版传媒　湖北教育出版社

前　言

在报纸和新闻广播中，几乎没有哪一天不会谈到气候和气候变化。为什么气候会变化？人类要对气候变化负责吗？我们可以做些什么来改变这种状况？现在，人们对这些以及与此类似的问题正进行着广泛的探讨。

本册《全球气候》将向大家介绍这些所谓的"人为因素"，也就是由人类活动引起的气候变化，同时也将介绍有关气候变化的基本原理，并向大家展示哪些自然的力量影响着地球上的气候。

所有气候变化的原动力都来自太阳。太阳辐射的强度和入射角度以及地球表面的反射都决定着气候。此外，大气层的组成也扮演着一个重要的角色。在地球上，风和水也影响着这些由太阳提供的热量的再分配：风在陆地与海洋之间交换着温暖和寒冷的空气，洋流把温暖或寒冷的水运送到遥远的地方。地球气候带的划分比较有规律，赤道附近的热带地区，极地的寒冷地区和两地区之间温暖气候的地带。

气候研究人员感兴趣的还有哪种气候在数百万年之前就已经在地球上起着主要的作用。因为气候一直在发生着变化，间冰期和冰期不断交替出现。化石和岩石这样的气候证据会告诉我们地质史上气候变化的细节。我们对地质史进程中的这种气候变化过程了解得越多，就可以更好地分析气候如何影响整个地球以及它正在发生怎样的改变，进而推断出地球的未来。

图片来源明细

A1Pix(塔夫克勒)：14右中；作者档案资料：16下，17下（冰/企鹅），18下（3），19左下，21右下，26中（3），27上（4），28下，30上（3），31右上（2），39右下；Tessloff出版社档案（纽伦堡）：7中上，13右上，14（背景），14左上，15左（湿度计），16上（北极熊），16右中（沙漠），16中（青蛙），16右下（美洲虎），17左上（狼），17右上（熊），17中（松鼠/狐狸/狮子），17左中（长颈鹿/大象），48（背景）；Astrofoto（泽尔特）：4左上，6左上，6右中，20左上；百瑞高公司（菲林根–施文宁根）：14左中（气压计）；Bridgeman（柏林）：36右上；Corbis（杜塞尔多夫）：15左（雾/霜），17右下（袋鼠），28中（蜗牛）；Focus（汉堡）：3，26左（背景），27左下，41左，44上；莱布尼兹海洋科学研究中心（基尔）：40中上（彼得·林克博士）；汉堡大学海洋研究所：4右下（拉斯·卡拉斯什科）；Picture-Alliance（法兰克福）：4右上，4左下，5左，5右，6右上，6/7下，7左上，7右上，9中（2），10左下，12右上，13右下，14左上，14中，15下，16左上，17（森林/热带/知更鸟），19右下，21（4），22左下，22中下，23左上，24下（2），26右下，27中，32下，34（3），35左上，36左上，37左上，37中上，37下，38（4），40上，40中左，40/41下，41中，44左，45（5），47左下；Pixelio：10左下，27右下，33右中，44/45（背景）；生态研究收藏协会（慕尼黑）：39左上，39右上（绿色和平组织/沃尔夫冈·灿格）；森肯堡自然博物馆（法兰克福）：29左下；Wildlife（汉堡）：16右上（猫头鹰），16中上（山猫），16中下（凤梨科植物），17上（麋鹿/苔原），17中（蝎子/蝰蛇），19右上，20左下，37右上

封面图片：视觉中国
设计：约翰·布勒丁格
插图：埃贝尔哈德·埃门

目 录

引 子

地球正经历着最暖和的时期

2006 年 8 月，在葡萄牙中部的托马尔山燃起了熊熊的森林大火

气候处于变化之中

研究人员敲响了警钟：自从1850年有现代测量数据以来，地球正经历着最暖和的时期，越来越多的极端气候事件占据了新闻的头版头条。

2003年夏天：热浪席卷欧洲

整个欧洲都处于罕见的高温天气之中。在法国，庄稼的收成锐减；在西班牙和葡萄牙，森林大火造成了巨大的损失。

2005年8月：热带风暴猛烈袭来

飓风"卡特里娜"席卷了整个美国南部地区，留下了可怕的痕迹。超过 1 000 人殒命，新奥尔良这座城市被淹没，其他城市多处被毁。

2007年9月：北极航道未结冰

自从开始用卫星观测，大西洋到太平洋的北极航道在 2007 年的 9 月首次没有结冰，因此船只依然可以在这里通行。

此时，人们才认识到气候变暖是一个要认真对待的全球性的问题。研究人员警示了气候变化的后果。

来自全世界的科学家和政治家在国际会议上讨论采取相应的措施来应对气候变化问题。其中的主要目标是减少温室气体的排放。气候专家认为，大气层中二氧化碳（CO_2）和甲烷（CH_4）这样的气体含量的增加，导致了气候变暖。环保人士认为，人们对减少温室气体排放采取的措施太少。

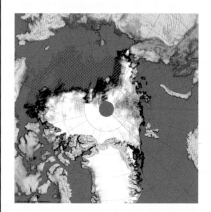

北极冰区从 2006 年夏天（红色阴影线）的位置缩小到 2007 年夏天的位置

4

"已经迫在眉睫了！"

——这是气候研究人员给出的答案

所有人都谈论着气候变化。可"气候"究竟是什么呢？

"气候"与"天气"是两个不同的概念。我们把某一时间某个地区大气层的状态，例如温度、云、雨、阳光等称为"天气"。通常，人们只在一段短时间，也就是几天之内观测天气的变化。

气候是一个地区天气条件的综合，人们会用数年，甚至是用数十年的时间来观测气候的变化。

什么影响着气候变化？

首先要说明的是，气候发生变化是非常正常的事情。在地球漫长的历史中，气候在不断地发生着变化。例如在约 18 000 年前的上一个冰期维尔姆冰期中，地球非常冷，在今天德国的位置甚至居住着北极熊。当然也有比现在炎热得多的时期，恐龙统治地球的时期就是如此。

那么是不是现在关于气候变化的讨论完全没必要呢？

可惜，并不是这样。通常而言，太阳辐射强度这样的自然原因影响着气候变化，同时这种气候的改变非常缓慢。可是，在过去几百年——这对于气候研究人员来说是一个短暂的时期——我们发现全球气温有了不同寻常的明显上升。这种气温上升大部分都是由人类活动引起的。

什么导致了这种结果？

主要原因是，我们消耗了非常多的能量，并因此向空气中排放了越来越多的温室气体。

也就是说，人们要对像热浪和飓风这样的自然灾害负责？

不能这么说。但可以肯定的是，全球气温在过去几十年里越来越高，这对自然和环境造成了各种各样的影响。可是我们很难对相应的原因和影响有明确的解释。比如说飓风，它会于特定的温度条件下在海面上空形成。海水的温度越高，飓风所蕴含的能量就越大，所产生的威力也就越大。也就是说，更高的温度更容易形成强烈的热带风暴。可是不

欧洲的易北河在洪水时期和少雨时期的水位差别很大

能说，像"卡特里娜"这样的飓风是由于气候变化引起的。因为过去就有过这样可怕的风暴。

我们能阻止这种气候变化的趋势吗？

这是不可能的，因为我们无法收回在过去几百年里大量排放的温室气体。不过，我们可以努力通过有效的措施，尽可能地减缓气候变暖的速度。

措施一览

我们这样保护气候
——最重要的措施

■ 减少温室气体排放
必须在全球范围内尽量减少温室气体的排放量。

■ 降低能源消耗
通过使用新技术可以节省大量能源。

■ 使用可再生能源
必须更有效地利用太阳能、风能和水能。

■ 保护森林
必须限制世界性的森林砍伐。

■ 全世界共同努力
地球上的所有国家，包括发达国家和发展中国家，必须为气候保护做出贡献，它们必须在一个国际性的气候保护协议中，确定应采取的具体措施。

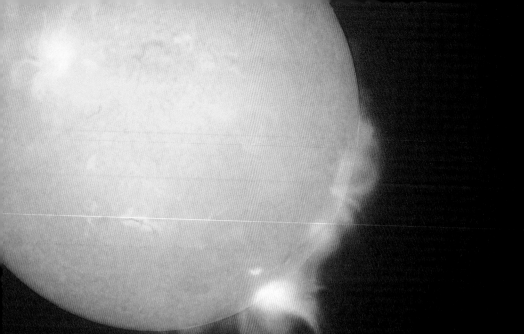

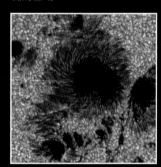

太阳黑子是太阳表面温度较低的区域

气候是如何形成的

气候变化的推动力是什么？

假如没有太阳，地球就会寒冷至极，也不会有任何生命存在。太阳是我们的光源和热源。尽管太阳距离地球大约 1.5 亿千米，但它仍然提供了地球上所有气候过程所需的能量。

地球的内核目前被认为富含铁元素，表层则是坚硬的岩石。与此相比，太阳是一个热得难以想象的巨大气球。这个气球主要由氢和氦两种气体组成。太阳表面的温度就高达大约 6 000 摄氏度。在太阳内部，具有难以想象的高压和几乎 1 600 万摄氏度的高温。在这种条件下，氢原子核可以结合成氦原子核并释放出巨大的能量。

在太阳内部藏有一个巨大的核反应堆：这个核反应堆会通过核聚变产生巨大的热量，并以此来加热距离它上亿千米远的地球。

地球表面也会影响气候？

从太空望去，地球看起来像一个蓝色的球体。这个球体的表面是大气层，它像一层蓝色的薄纱一样包裹着地球。

地球表面大约三分之二由海洋覆盖着，只有大约三分之一的地方形成了陆地。陆地上有着不同的地形，例如高山、丘陵、平原等。岩石在风化和冲刷等作用下形成土壤。有的陆地上有着河流、湖泊、森林和草原，有的陆地由于干旱缺

围绕地球旋转的卫星，为人们提供了有关天气和气候变化的重要信息

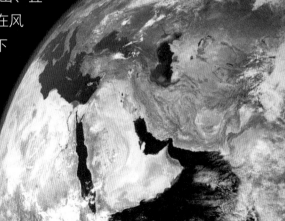

森林、水、沙漠和海冰也影响着气候

太阳黑子

在太阳长达数十亿年的历史中，太阳辐射的强度并不是始终如一的，而是在不断变化。此外，辐射的强度在短时间内也发生着变化。天文学家观测到在太阳的表面有昏暗的斑点——太阳黑子。太阳黑子的数量在不断变化，平均每 11 年就会大规模出现。这时的太阳活动就会特别频繁。太阳黑子如何影响气候，目前在研究人员之间还存在着争论。

水，形成了沙漠。两极地区是非常"冷酷"的，在那里，巨大的冰盖和海冰覆盖着陆地和海洋。

大气层、海洋和陆地的分布、地表的起伏，以及植被决定了气候。植物和动物适应了不同的生活区域，并因此依赖着特定的气候条件。只有人类，几乎定居在地球的所有陆地上，并通过农业和工业不断影响着全球的气候。

天气和气候在哪里形成？

太阳辐射在到达地球表面之前，会穿过厚厚的大气层。大气层没有明确的上界，在距离地表 2 000~16 000 千米的高空仍有稀薄气体。大气层被划分成不同的层：最下面的是对流层，该层在极地的高度约为 7 千米，在赤道的高度约为 17 千米。再往上分别是平流层、中间层、热层和散逸层。直到散逸层，地球自身的引力都足以把这个气体层束缚在地球表面。在此之外，气体就会逃逸到太空中。

对于天气和气候来说，只有在大气层最下面的 50 千米，也就是

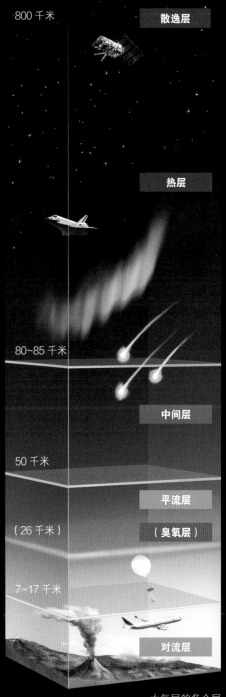

800 千米

散逸层

热层

80~85 千米

中间层

50 千米

平流层

（26 千米）

（臭氧层）

7~17 千米

对流层

大气层的各个层

对流层和平流层才有意义。因为，天气在这里发生着变化：这里会形成云，同时地球表面的气流会对全球的温度进行调整。

为什么大气层对于我们来说至关重要？

地球的大气层不仅可以让我们呼吸空气，而且还可以保护我们不受危险的太阳短波辐射的伤害。太阳辐射有着巨大的频谱范围，从短波的紫外线（UV），到可见光，再到红外热辐射（IR）。短波辐射会对人造成伤害：如果长时间接受强烈的紫外线照射，就可能患上皮肤癌。而地球会通过大气层来保护我

们：平流层中含有的臭氧会吸收太阳的短波辐射。

空气是一种混合气体，有大约78%的氮气（N_2）和大约21%的氧气（O_2），还有少量的"微量气体"，包括二氧化碳、氩气（Ar）、甲烷和臭氧（O_3）等，这些气体的总含量不到空气的1%。之所以称它们为"微量气体"，就是因为它们在空气中只占很小的一部分。根据空气湿度的不同，空气中还会含有不同比例的水汽（H_2O）。

尽管这些微量气体只有微小的含量，但其中的二氧化碳等温室气体对于气候却至关重要：它们会把太阳带来的热量留在地球上，而不会让它们返回到太空。

臭氧（O_3）与臭氧空洞

臭氧是一种微量气体，臭氧层是平流层中臭氧浓度相对较高的部分。赤道附近的臭氧层最厚，两极最薄。20世纪80年代中期，人们发现南极上空的臭氧层中有一个越来越大的空洞，这是因为大气层中氯氟烃含量增多。氯氟烃是一种在空调和冰箱中大量使用的气体。禁止使用这种气体以后，臭氧空洞逐渐缩小。不过，如果想要这个空洞完全消失的话，还需要很长时间。

二氧化碳（CO_2）

二氧化碳是一种无色无味的气体，其分子由一个碳原子和两个氧原子组成。它是火山喷发气体的主要组成部分，也在化石燃料——煤、石油和天然气的燃烧过程中形成。

太阳能是地球气候变化的动力源，它激活了所有的气候过程

火山把火山灰和气体喷向大气层

太阳辐射加热着地球表面

变热的海水在蒸发

冰面反射了太阳辐射，并因此形成了寒冷的气候

冰冷的水沉到了深处

在条件合适的情况下，这些深层水流向上抬升

水汽（H₂O）

水汽是一种不可见的气体。其分子由两个氢原子和一个氧原子组成。水汽通过蒸发进入大气层，是最重要的温室气体。

甲烷（CH₄）

甲烷是一种无色无味的气体，其分子由一个碳原子和四个氢原子组成。它主要是在植物和动物残骸的分解过程中形成。甲烷是天然气的主要组成部分。

氩气（Ar）

氩气是一种"惰性气体"，就是说它几乎不发生化学反应。氩气在大气层中约有1%的含量，是含量最高的微量气体，不过它对温室效应没有影响。

水在气候中扮演着什么样的角色？

地球上的水是以三种状态存在的，也就是固态、液态和气态。例如，我们可以在海洋、湖泊和溪流中找到液态水，此外还有地下水和雨水。水以固态的形式作为冰雹或雪从天空中落下来；在高山和极地区域，水会形成冰。空气中还有气态的水——水汽。水是最重要的生命元素之一，我们的身体也大部分是由水组成的。只有在有充足水源的地方，植物、动物和人类才能生存。

在地球上，水以一个不断循环的固定模式运动着：它从海洋上蒸发，并以水汽的形式上升到大气层中形成云，然后以雨水、雪或冰雹的形式重新落回到地面，最后通过河流汇入海洋。

在地球的气候系统中，水进行着一项重要的任务：大气层中的水汽通过气流被运送到遥远的地方，然后在那里又形成雨水。这样，从海洋、河流、湖泊和森林中蒸发而形成的湿润空气，可以分布在整个地球上。降水量很大的地区的气候，我们称之为湿润气候；降水量少的地区的气候，我们称之为干旱气候。

水汽在山脉附近形成了云，并会下雨

植物白天通过光合作用吸收水和二氧化碳。晚上，它们会因呼吸作用而释放出一部分二氧化碳。而大多数水则通过叶子蒸发了

雨水在河流中汇集并重新进入海洋。其中一大部分会向下渗漏并形成地下水。在深深的地层中，向着海洋流动

死亡的动植物的残骸形成了土地的腐殖层，碳会存储在其中

80%~95%

6%~8%

20%~90%

10%~20%

25%~30%

10%~25%

10%~20%

5%~10%

20%~40%

白色的表面，例如巨大的冰原或雪原，有着很高的反照率：它们会反射超过 80% 的辐射。而在覆盖着岩石、森林和草原的地区，只会反射 10% 到 40% 的辐射

反照率是什么？

太阳辐射历经遥远的路程到达地球表面，使地球表面变热，但是海洋、土地、沙漠和冰原等不同地区受热并不均匀，因此产生了不同的天气，各地受热程度取决于其表面颜色的深浅。

照射到地球表面的太阳辐射会被地球表面反射，深色的表面会"吞噬"（科学家称为"吸收"）一部分太阳辐射，并因此明显变热。与此相反，浅色的表面会反射一部分太阳辐射，因而只能缓慢变热。

这种反射的强度被称为"反照率（Albedo）"，这是一个由表示"白色"的拉丁文单词"albus"转化而来的概念。

如果把地球表面看作一个整体，那么平均有大约 30% 的太阳辐射会被反射回太空。

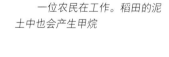

一位农民在工作。稻田的泥土中也会产生甲烷

甲烷通常在沼泽中形成，因此得名"沼气"

当地球表面的亮度发生整体性的改变时，反射辐射的总量也会发生变化，这会对地球的气候产生巨大的影响。例如，在冰期中，冰面和雪面的面积增加，就会有更多的辐射被反射回太空。这就强化了冷却效果：地球会因此变得更冷。与此相反，如果是在间冰期，深色的海水和有着茂密植被的区域在地球上增加了，那么整体而言被反射的辐射变少，也就是说有更多的热量被吸收，因此气候会进一步变热。人们把这种现象称为正反馈效应。

是有一部分留在了大气层中。这就形成了一种与在温室中类似的热量蓄积。

在温室中，虽然太阳辐射可以通过玻璃天窗照射进来，但是当它从地面和植物上反射回去时，就不容易重新返回到室外了。其中的原因在于，辐射的性质发生了改变：短波的辐射可以穿透玻璃天窗，但是当它照射到地面上时，就加热了地面，放出长波辐射。长波辐射无法再穿过玻璃，因此被留在温室中。这样就形成了一种强烈的加热效果。

在比温室大得多的地球大气层中，也发生着类似的事情。在这里，一些微量气体和水汽扮演着温室中玻璃天窗的角色，并产生了一种自然的温室

如何理解"温室效应"？

当太阳辐射从地球表面反射回去时，不会直接返回到太空中，而

假如没有温室气体，地球就会比现在冷大约 33 摄氏度。地表温度就会像冰柜中的一样——零下 18 摄氏度

热能被吸收并散射出去

温室气体会吸收这些反射的热量，并将其保存在大气层中。所以地球表面平均温度为 15 摄氏度

效应，二氧化碳、臭氧、水汽、甲烷也因此被叫作"温室气体"。如果没有它们，地球将变成一个冰冷而没有生机的行星。

温室气体的含量越高，被吸收的热量就越多，地球也就变得越热。温室气体偏少则会造成热量迅速返回到太空中。

二氧化碳如何进入大气层？

除了水汽以外，对温室效应影响最大的气体是二氧化碳。碳元素储量最大的地方是在地球的内部，也就是在地幔中。通过火山喷发，碳元素以二氧化碳的形式进入大气层中。

碳

人们可以在地球上找到不同形式的化学符号为 C 的碳，其中最贵重的是钻石。此外，煤、石油和天然气中也含有碳。碳也是植物和动物的重要组成部分。如果碳燃烧，就会与空气中的氧气结合形成二氧化碳。如果二氧化碳溶解在水中，就会形成碳酸。

自然界中的碳循环：火山爆发将二氧化碳喷向空气、岩石和海洋，而植物则在空气中燃烧产生二氧化碳

云从空气中吸收二氧化碳并形成碳酸，这种弱酸雨会加快岩石的风化。这时，二氧化碳会以碳酸钙的形式结合在石灰石中

在火山爆发时，碳以二氧化碳的形式释放出来

植物会通过光合作用从空气中吸收二氧化碳

珊瑚石的主要成分也是碳酸钙，它们不断堆积，形成珊瑚礁

钟乳石和石笋由碳酸钙沉淀形成

火山通过持续喷出二氧化碳来影响气候，也可以造成短时间的气候波动。1991年，菲律宾的皮纳图博火山爆发时，大量的火山灰和二氧化硫被抛向了平流层。它们环绕着地球飘动，让整个地球变暗了，地球的平均温度也下降了。

1991年6月，皮纳图博火山爆发，这是20世纪发生在陆地上的第二大规模的火山爆发

二氧化碳的吸收物是什么？

除了太阳辐射的强度和反照率之外，空气中温室气体含量的变化也影响着地球上的气候，其中二氧化碳的含量是一个重要的因素，地球上的植物、岩石和海洋都会储存和释放二氧化碳。

植物是重要的二氧化碳吸收物。它们从空气中吸收二氧化碳，并利用光能，将这些二氧化碳和水合成有机物，同时释放氧气。人们把这个过程称为"光合作用"。

然而，在死去的植物腐烂时，部分碳会重新被释放出来，并返回到大气层中。剩下的植物残骸因微生物的分解，碳含量增高，形成泥炭，再经过不断的覆盖、压紧和物理化学作用，最后形成碳含量更高的煤。

石灰岩也会吸收二氧化碳。石灰岩的主要成分是碳酸钙，其可以溶解在含有二氧化碳的水中，形成碳酸氢钙溶液。湖泊和海洋中的碳酸氢钙在失去水分以后，转化为碳酸钙，沉积后又形成了石灰岩。

海洋也是一个巨大的二氧化碳存储容器。海水也可以直接从空气中吸收二氧化碳。海洋存储二氧化碳的能力主要取决于水温。海水如果变热，其存储二氧化碳的能力就会降低，这样，多余的二氧化碳又会重新回到空气中。

热带海域中的珊瑚虫与珊瑚

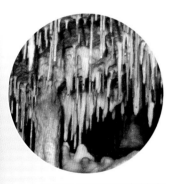

当地下水中溶解的碳酸氢钙重新沉淀时，钟乳石就会在洞穴中形成。随着时间的流逝，新的钟乳石层会不断地形成

天气百科小辞典

个压力，也就是气压，空气被压缩在了一起。随着高度的增加，大气的密度和气压逐渐下降。气压的数值在距离海平面 5 500 米高的地方只有最下面的一半，而在 30 000 米高的地方则只含有 1% 的空气微粒。

果压力改变了，温度也会发生变化：如果空气被压缩，就会变热。如果压力下降，它就会膨胀并且变冷。如果热空气从地面升起，气压就会不断变小，气温也会变低——升得越高就越冷。

气压

和其他的物质一样，空气也是由分子微粒组成的。在大气层最下面的空气微粒，承载着整个大气层的空气的重量。因为这

海拔越高，气压就越低，空气就越冷。因此，山顶的气温通常要比山谷中低

气温

空气中的分子会自由移动。它们会在空间中做直线运动，直到撞到邻近的分子时再弹回来。在这个过程中，它会把一部分速度传给另外一些分子。如果空气变冷，分子的运动速度就会变慢；如果空气变暖，分子移动的速度就会加快。它们会频繁地相互碰撞，并相互驱散。这样，空气就会膨胀，因此在同样的压力下，热空气会比冷空气占更大的空间。如

高气压和低气压

由于空气分子在热空气中不像在冷空气中压得那么紧密，因此热空气要比冷空气更轻，会向上升。例如，热气球就会向上升。在热空气上升的过程中，气压就会下降。这就会形成一个气压低的区域——低气压区。在冷空气下降的区域，就会形成一个高气压的区域——高气压区。德国的气象学家用字母 H 和 T 在气象图上标识这些区域。

风

我们把空气的水平运动称为风。在低气压区，热空气上升，会有冷空气从侧面流动过来，这样就形成了气流，也就是风。风总是从高压区域向低压区域流动。

空气湿度

空气中所含有的水汽的量，被称为空气湿度。空气

一起动手

露 点

你需要一个玻璃杯、水、小冰块和一个温度计。

把水倒入玻璃杯，然后加入小冰块。在一段时间之后，玻璃杯外壁上会蒙上一层雾气。因为外壁周围的空气变冷，其容纳水汽的能力就会下降，其中包含的水汽会液化，并在玻璃杯壁上凝成小水滴。在液化形成第一滴水时，马上测量水的温度。人们把发生这个现象时的温度称为"露点"。在自然界中，空气在夜晚这个温度下会凝结出露水。

能容纳多少水汽，取决于空气的温度。冷空气要比热空气更容易达到水汽含量的上限。气象学家的说法是低温空气会更早地"饱和"。空气越热，就可以容纳越多的水分。例如，1立方米空气在0摄氏度时只能容纳不到5克水，而在35摄氏度时，则可以容纳40克水。当温暖潮湿的空

湿度计 雾

霜

气冷却时，空气中多余的水汽就会凝结成液态水。

人们把空气中实际含有的水量称为"绝对空气湿度"，把空气中实际水汽压和饱和水汽压之比称为"相对空气湿度"。

一起动手

水的密度

你需要两个玻璃杯、一些食盐、一个可以达到玻璃杯底部的漏斗和一种染色剂（例如墨水或茶水）。

往一个耐高温的玻璃杯中倒入一半的热水。在另一个玻璃杯中倒入半杯凉水，再倒些墨水染色。通过漏斗小心地把这半杯凉水倒入盛有热水的玻璃杯底部。凉水会在玻璃杯的底部聚集，而热水则会上升。

也可以用盐水和淡水进行这个实验。在一个玻璃杯里倒一半的清水。然后在另一个玻璃杯中倒入半杯清水，再放两勺盐，并用墨水给溶液染色。把盐溶液注入到盛有清水的玻璃杯的底部。盐水会在玻璃杯的底部聚集，而清水则会上升。

云和降水

当大量水汽凝结成的小水滴聚集在一起时，就形成了云。当云的温度很低的时候，小水滴会结成微小的冰晶。如果水滴或冰晶大到一定程度，就会落到地面形成降水。

水的反常膨胀

大部分的物质都会"热胀冷缩"，也就是密度随着温度升高而降低。但水在0~3.98摄氏度时，密度会随着温度升高而升高，在3.98摄氏度达到最高，这就是水的反常膨胀。

在高于3.98摄氏度时，水的表现与大多数物质一样：在加热时，密度下降（热水会往上升）；在冷却时，密度上升（冷水会往下沉）。此外，含盐量也会影响水的密度：盐水要比淡水的密度更大，因此会沉到下面。

熔化热和汽化热

冰在0摄氏度时会融化成水（0摄氏度为冰的熔点）。在100摄氏度时，水会汽化，也就是变成气态水（100摄氏度为水的沸点）。

这两个过程都需要非常大的能量。人们把这种能量称为熔化热和汽化热。与此相反，水在从气态变为液态（液化）或从液态变为固态（凝固）时，会以蒸发热或熔化热的形式释放出大量的热量。

覆盖在水面上的冰使下层的水不会从下往上结冰，因此水生动物可以在寒冷的冬天生存

北极熊

雪鸮

亚寒带

亚寒带主要分布在北纬50度至北极圈，这里的冬季既冷又漫长，而夏季只是有些暖和。这里到处是针叶林和沼泽。

山猫

亚热带

亚热带位于南北纬23.5~35度之间。这里夏季高温，冬季较冷。干旱地区分布有沙漠，例如撒哈拉沙漠。

气候带和热传递

地球上有哪些气候带？

在地球上，有许多气候相同的宽广地区。人们把它们分成五个大的气候带：在赤道两侧的热带和亚热带、位于中间的温带和亚寒带，以及围绕着北极和南极的寒带。南半球没有那么宽广的大陆，亚寒带不如北半球明显。

每一个气候带都有各自的生物圈，其中生活着特有的植物群和动物群。

红眼树蛙

凤梨科植物

美洲豹

 寒带
 亚寒带
 温带
 亚热带
热带

海豹

狼

麋鹿

北极柳

苔原

棕熊

欧洲知更鸟

松鼠

狐狸

蝎子

角蝰

狮子

长颈鹿

大象

袋鼠

企鹅

温 带

温带覆盖从南北纬大约35度到50度的地区。其中的植被主要是针叶林、阔叶林和混交林。

热 带

热带包括从赤道到南北回归线（南北纬23.5度）的地区。根据降水量的不同，热带主要分为热带雨林地区和热带草原地区。

寒 带

寒带覆盖从南北极圈到南北极点的地区。寒带生长着非常少的植物。在加拿大北部、阿拉斯加、格陵兰岛和西伯利亚的北部，这些地方只适合非常结实又低矮的苔原植物生存。在极度寒冷的地区没有植被覆盖。

为什么地球上的气候差异这么大？

在赤道附近，终年都是炎热、潮湿的气候。与此相比，在中国所处的气候带中，气候会在炎热的夏天和寒冷的冬天之间更替。离赤道越近，气候就越温暖；反之，离极地越近，气候就越寒冷。

其中的根本原因在于不同的太阳辐射强度。在赤道附近，太阳高度全年都非常高。因此，在相同面积上，这里的太阳辐射强度会比南北纬60度地区的太阳辐射强度大一倍。所以，在赤道附近有着比高纬度地区更炎热的气候。在极地区域，太阳辐射几乎是水平射入的，因此这里是最寒冷的。

季节是如何形成的？

地轴的倾角决定了地球上大部分地区的季节差异。地球每年围绕着太阳在公转轨道旋转时，也在不停地围绕着一个虚拟的地轴自转。这个轴并不是与围绕太阳旋转的公转轨道面垂直的，而是呈23.5度的倾斜角。因此，随着公转的变化，有时是北半球获得更强的太阳辐射，有时是南半球获得更强的太阳辐射，这样就形成了季节。

当北半球的太阳辐射强度更大，在北半球就是夏天，这时白天会更长，太阳会有更多的时间照耀着大地，太阳在天空中的高度会比冬天的更高。太阳的高度越高，太阳辐射到达地面的距离就越短，这里也会因此变得更热。与此相反，如果南半球太阳辐射强度更大，那里就是夏天，而北半球这时就是冬天。

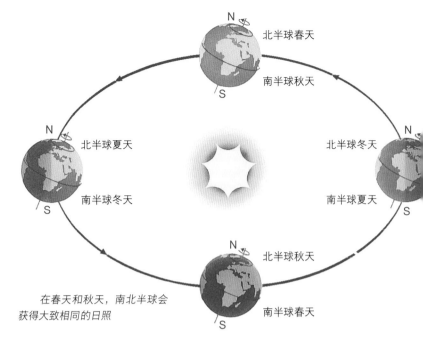

在春天和秋天，南北半球会获得大致相同的日照

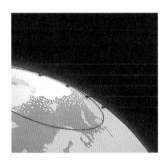

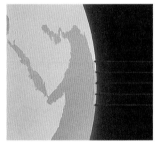

在极地地区，太阳辐射的入射角度几乎为零。在赤道地区，太阳辐射的入射角度会更接近90度

在热带草原上是没有四季的。这里的气候只是在雨季和旱季之间交替

季 节

在热带，终年都是炎热气候，白天和黑夜几乎一样长。在亚热带，气候在夏季与热带类似，而在冬季会更冷一些。这里的季节较为分明。在温带，已经有了明显的季节差别。在南北极地区，冬、夏两季白天和黑夜的长度差别非常突出：夏季的极昼和冬季的极夜可以长达24小时。

大气环流是什么？

在测量地球的温度之后会发现，极地地区特别寒冷，赤道地区则要炎热得多。所以在地球的不同区域之间会产生持续的热交换。这种热交换主要是通过气流（风）和水（云和洋流）完成的。

包裹着地球的大气层内部始终在运动着（循环）。假如地球没有自转，同时地轴也不倾斜的话，就只会有一种简单的全球空气循环：热空气从赤道上升，并在一定的高度向着南北极流动。在那里，它们会下降并在接近地球表面时重新朝着赤道流回去。

不过，实际上在南北半球都形成了分配热量的三种循环系统：低纬度环流、中纬度环流和极地环流。它们也决定了热带、亚热带、温带、亚寒带和寒带这五大气候带中的各种气候。

春、夏、秋、冬——四季的更替在温带地区非常明显

城市气候

城市有其非常独特的"小气候"。与郊区相比，城市通常会更热。这是因为很多建筑物会吸收热量，就像一个热存储器一样（热岛）。由于城市里到处是建筑物，因此空气循环也在此受阻。所以，从郊区吹来的新鲜空气想要起到冷却效果也非常困难。

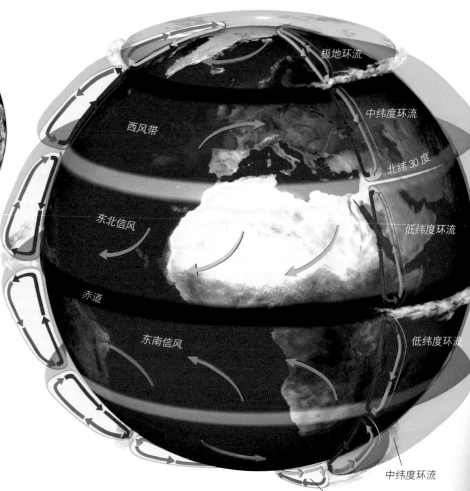

在赤道上，潮湿的热空气向上升起并流向北方和南方，在南北纬约30度的地区下降并重新流回赤道。重的冷空气，从极地流向赤道方向。它们在遇到西风带时，会上升并重新流回极地。在极地环流和低纬度环流之间，是依靠这两种环流的中纬度环流

极地环流

中纬度环流

北纬30度

西风带

低纬度环流

东北信风

低纬度环流

赤道

东南信风

中纬度环流

极地环流

在低纬度环流中发生了什么？

低纬度环流从赤道延伸到南北纬大约30度的区域。由于太阳辐射在赤道上总是以接近垂直的角度射入，因此地面及其上面的空气会明显变热。这些热空气因此膨胀，变得更轻从而向上抬升。在这个过程中，气压会下降。因此在赤道上形成了一个狭长的带状低气压区。空气在上升过程中开始冷却，存储的水汽越来越少。多余的水汽凝结成小水滴，聚集后形成了云。因此，在赤道地区的下午时分，当天气最热的时候，经常会有雷雨出现。

从赤道上升的空气在高空中分别流向北方和南方。大约在南北纬30度的地方，这些空气又开始下降。下降的空气会被压紧并变热，而且变得非常干燥。因此在亚热带形成了一个副热带高压带，这

热带雷雨

在热带，气温在晚上也会降低，并会因此形成雾；在早晨，阳光会直接从无云的天空中照射下来，天气变得非常热，很多水分都蒸发了并且形成了云；到下午，这些云会不断变密，形成了强烈的雷雨天气；大约在傍晚，天气又会重新晴朗起来。第二天，这种现象又会重新上演。

热带雨林上空的晨雾

比热容

比热容是指物体的吸热或散热能力。空气或沙子这样低比热容的物质容易加热，同时也容易快速散热。水这样高比热容的物质，只会慢慢变热，同时散热也会很慢。

片区域通常会分布着大沙漠，例如北非的撒哈拉沙漠和大洋洲澳大利亚的维多利亚大沙漠。这些地方的空气会从南北纬约30度的地区重新流回赤道。这些从北方和南方吹向赤道的气流的方向非常稳定，因此被称为"信风"。

信风总是稳定地吹着，推动帆船向前行驶

亚热带地区分布着广阔的沙漠：左下图是北美洲的索诺兰沙漠，右下图是非洲的纳米布沙漠

在其他两个环流中发生了什么？

在极地地区，太阳辐射在夏天也只是以非常低的角度射入，而冬天甚至是完全黑暗的。此外，这里由于冰雪覆盖在陆地和海洋上，因此很多太阳辐射又被反射回太空中。这样，极地就出现了稳定的高气压区，冷空气下降，向低纬度流动，形成极地环流。

第三种大气环流发生在中纬度地区，这里主要刮西风，被称为西风带。南半球海上的这股西风非常强劲，因此被称为咆哮西风带。

南半球的西风带几乎全部为辽阔的海洋，表层海水受风力的作用，产生了一股自西向东的洋流；而在北半球，西风带会受到陆地上复杂多变的地形的影响，形成各种各样

永久冻土

极地区域的特征之一是分布有永久冻土。由于持续的低温，土地从一定深度开始常年冻结。永久冻土是在冰期形成的，其中埋藏着令人惊奇的化石。例如，人们在西伯利亚冻土层中已经发现了多只猛犸象遗骸。它们在一万年前死去，在永久冻土层中"新鲜"地保存了下来，就像被放在冰柜中一样。

不同的天气状况。因此，北半球的西风带地区并不仅仅只会刮西风，而是任何方向的风都有可能。

海风和陆风是如何形成的？

水有一个特别的性质：它具有高比热容，也就是说水可以存储很

海风

陆风

白天，陆地上的热空气上升，冷空气从海上吹过来。夜晚，海面上的空气相对更热并上升，冷空气从陆地上吹过来

多热量，并在流动过程中把热量传输到其他地方。

在海边，可以很好地观察到在陆地和水之间不同比热容的影响。在平静的天气里，人们中午可以在海滩感受到从大海吹向陆地的风，而在傍晚和夜晚时感受到从陆地吹向大海的风。其中的原因就在于陆地和海水比热容的不同。早晨和白天，陆地要比海水更快地变热。因此在陆地上空的热空气会上升，而相对较冷的海上的空气就会吹过来。与此相反，在傍晚和夜晚，陆

地要比海水更快地冷却。这时，海面上的热空气就会上升，而变得相对较冷的陆地上的空气就会吹过来。这种气流在海洋和陆地之间形成了一种固定的热量交换模式。

季风气候是如何形成的？

这种发生在海洋和陆地间的小循环，在更大的范围内却发挥着巨大的作用。其中的一个例子就是亚洲的季风气候。在夏天，巨大的亚

风的影响

世界各地都在各种气候下经历着由风产生的热交换。以中国为例，在冬天，西北风从寒冷的陆地上空吹来，气温会特别低。与此相反，在夏天，东南风会带来温暖潮湿的太平洋上的空气，并形成雨水。

海洋性气候和大陆性气候

当气候受到海洋的影响，就产生了一种温和的"海洋性气候"。例如在伦敦，受到大西洋的影响，气温终年都相对稳定。伦敦经常下雨，在冬天也是如此（如右图）。与此相比，蒙古（如左下图）

就是典型的"大陆性气候"：在首都乌兰巴托，气温在冬天的零下 20 摄氏度和夏天的 20 摄氏度之间变化。在冬天，这里不仅非常冷，而且也极其干燥。只有在 6 月到 8 月间，受到冷暖空气交汇的影响时，才会有强降雨出现。

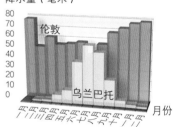

降水量（毫米）

温度（摄氏度）

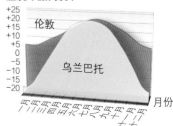

伦敦和乌兰巴托的月降水量和月平均气温

洲大陆要比印度洋和太平洋更快地变热。在大陆上空，热空气上升并被从海洋上吹过来的空气填补。这样就形成了强大的气流，它携带着潮湿的海上空气向着亚洲大陆吹来。在移动过程中，这些空气会上升并冷却。空气中的水汽会凝结成小水滴，并形成会带来丰富雨水的云——这就形成了所谓的"季风"。

季风在印度洋上空表现得最强烈。这里经常会出现大量的降水，在孟加拉国等国家造成洪灾

与此相反，在冬季，亚洲大陆要比海洋更快地变冷。此时，寒冷而沉重的大陆空气向着海洋吹去。由于大陆上空的空气含有的水分少，并且在向大洋方向流动时还会变热，因此相对空气湿度会下降，所以这股空气非常干燥。

在这种冬夏气候交替变换的情况下，就形成了典型的季风气候——夏季多雨和冬季少雨。

在山脉的边缘发生了什么？

我们可以在高山的边缘感受到一种特殊的热量传输形式。当暖湿空气上升到高山边缘时，空气会冷却——形成云并下雨。在形成云时，水汽中含有的能量，也就是蒸发热会被释放出来，并传给正在上升的空气。

在越过山峰后，这些空气会下降并变热。由于这些空气在陆地上空几乎不会吸收水分，因此变得非常干燥和炎热。这些空气上升时，冷却过程由于蒸发热被释放而受阻，使得空气在下降过程中会更快地变热，因而在山背面的气温明显比迎风面高。例如，我们在安第斯山脉的背风面发现了阿塔卡马沙漠。在阿根廷，下降的气团可以达到超过50摄氏度的高温。在阿尔卑斯山北麓，温暖的下坡风在这里被称为焚风，它把温和干燥的空气带到了德国南部。

当从平原吹来的暖湿空气越过高山向山的背面吹去时，就会形成焚风

在沿着高山边缘上升时，空气开始冷却形成了云，并伴有降雨

5℃

山的背风面仍是蓝天，焚风往往以阵风的形式出现，从山上向山下吹

在平原地区，水蒸发并被空气吸收

15℃

21℃

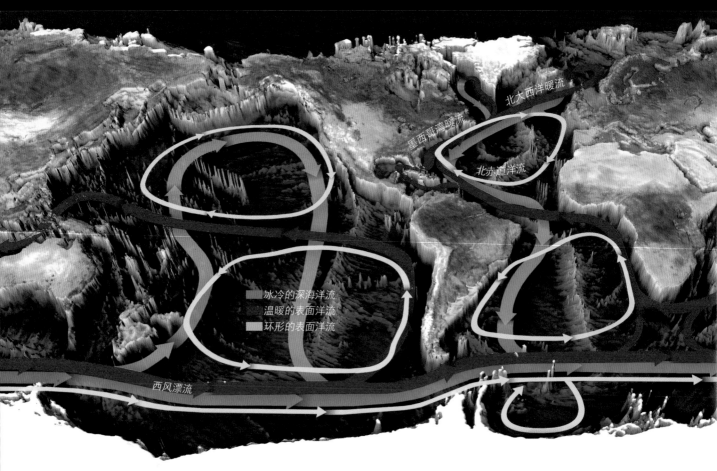

北大西洋暖流

墨西哥湾暖流

北赤道洋流

冰冷的深海洋流
温暖的表面洋流
环形的表面洋流

西风漂流

什么推动着巨大的洋流?

由于水具有高比热容,所以洋流对全球气候有着非常大的影响。它们把温暖的水从赤道向极地方向运输,并形成了全球范围的温度补偿。其中最典型的例子是墨西哥湾暖流,它像一台水暖设备一样加热着北大西洋,并使北欧形成了温和的气候。

巨大的洋流会受到风、温差和海水含盐量差别(温盐循环)的驱使。风挤压着海平面并推着水向前流动。假如没有大陆的话,赤道以北和以南会因为东北信风和东南信风而在整个地球上形成定向的洋流;同样,在西风带会形成一个围绕地球的向东的洋流。

不过,宽广的大陆阻挡了这种环流的形成。因此这些受到信风驱

墨西哥湾暖流

墨西哥湾暖流来源于热带,水在这里明显变热。在赤道以北的东北信风的推动下,这个水流首先向西流动。不过美洲海岸挡住了它的去路,这样,一部分温暖的海水就转而向北流动。它们沿着南美洲海岸,穿过加勒比海和墨西哥湾,向着北方流动,这就形成了强大的墨西哥湾暖流。但在向北的路上,水一直在变冷。最终,水会变得很重,在北极沉到大洋底部。

英国南部的棕榈树和挪威的苹果花——在墨西哥湾暖流的影响下,这些地区形成了一种温暖的气候

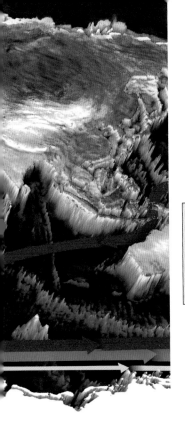

洋流像传送带一样运送着温暖或寒冷的海水，进行着全球性的热量再分配

使的水流，在美洲、亚洲和大洋洲的东海岸，就必须向北或向南转弯。这样就形成了巨大的表面洋流，这股洋流在极地区域被冷却后会下沉，然后形成冰冷的海洋深水流。

"温盐环流"是什么？

海水的重量（或者说"密度"）是由它的温度和含盐量决定的。目前最重的水在极地区域。这不仅是因为那里的温度低，海冰的形成也起着重要的作用。冰是由纯淡水组成的，当海水凝结成冰时，会把其中的盐释放出来。这样，海水的含盐量就提高了，因此这种非常重的海水就沉到了极地区域大洋的深处。极地冷水下沉是温盐环流的"启动器"。

当海水下沉时，在另外一个地方必然会有海水上升。例如在南美

洲秘鲁的海边和非洲纳米比亚的海边就是海水的上升区域。这种从海底深处上升的冰冷海水，含有非常丰富的营养成分，使鱼类可以大量繁殖。所以，这些区域分布着大型渔场。

墨西哥湾暖流会枯竭吗？

墨西哥湾暖流只能到达北大西洋，因为水在那里会下沉到海洋深处。如果地球变暖，格陵兰岛上的冰川融化，那么这些淡水会把海水的含盐量降到很低，而含盐量低的海水不易下沉。这就会导致墨西哥湾暖流缺少"启动器"，无法形成温盐环流，墨西哥湾暖流就会停止流动。这样，北大西洋就会明显变冷，一个新的冰河期可能会重新到来。研究人员观察发现，有时某些迹象显示这股暖流在减弱，不过一段时间后又恢复了。

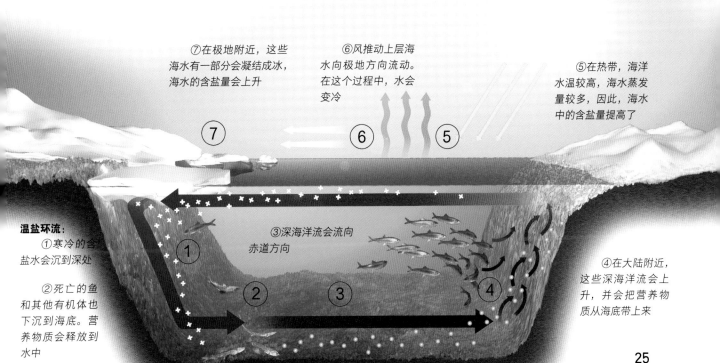

⑦在极地附近，这些海水有一部分会凝结成冰，海水的含盐量会上升

⑥风推动上层海水向极地方向流动。在这个过程中，水会变冷

⑤在热带，海洋水温较高，海水蒸发量较多，因此，海水中的含盐量提高了

温盐环流：
①寒冷的含盐水会沉到深处

②死亡的鱼和其他有机体也下沉到海底。营养物质会释放到水中

③深海洋流会流向赤道方向

④在大陆附近，这些深海洋流会上升，并会把营养物质从海底带上来

地质史上的气候证据

漂砾

冰川擦痕

鼓丘

地球上到处都留有过去各个时期的气候证据。例如，岩石、煤、冰碛物或化石都属于气候证据。这些气候证据可以告诉研究人员，千百万年间地球上的气候是什么样子的。

冰 川

冰川主要是由冰组成的，其中也夹带着碎石。当冰川在地面移动时，会留下痕迹，冰川携带着的石头会因摩擦而毁坏，人们将其称为"漂砾"。冰川在移动过程中会与山岩、谷地摩擦，形成冰川擦痕。冰川携带的岩石、泥沙等沉积物堆积成的丘陵就是鼓丘。尽管这些冰川已经在数百万年前就消失了，可是漂砾、鼓丘和冰川擦痕都能证明，当时这里肯定有冰川存在。

树 木

古树也可以提供地质史上某种气候曾存在过的明显证据。在温带生长的树木会有年轮，这显示出季节的变换，因为每年都会有新的年轮形成。在春天，树木快速生长；在夏天和秋天，其生长速度开始变慢；而在冬天，则几乎不再生长。这种生长速度的变化，可以从年轮中辨认出来。通过年轮可以估算出树木的年龄，甚至可以研究出那时的冬天是温暖还是寒冷，春天或夏天是潮湿还是干燥。与温带不同的是，热带地区没有四季变化。因此，热带的树木终年都在生长，年轮就不会很明显。

长有年轮的古树树干

冻土

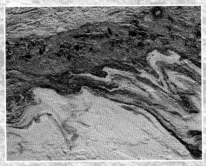
泥流

死亡谷中的盐（美国）

土　地　　极地地区的永久冻土是常年结冰的，只有最上面的一层才会在夏天融化。地面融化后就形成了所谓的泥流。当地面重新冻结时，会在松软的土地上形成特定的图案。这种特殊的地面信息可以保存非常长的时间。

钟乳石　　钟乳石会像树木一样有"年轮"，不过钟乳石的形成周期要漫长得多。根据经过数千年形成的钟乳石的生长圈，可以推断出钟乳石岩洞所在环境的气候。

煤　　在温暖的时期，植物大量生长。在平坦、泥泞的地区，死去的树木和其他的植物并不能被完全分解。它们的残留物就形成了我们今天可以在世界上很多地区的岩层中找到并开采的煤。这些煤告诉我们，这里曾经植被繁茂，肯定经历过温暖的气候。

干裂纹、盐　　在干旱时期，土地会收缩并裂开，因此形成了干裂纹。干旱地区土地的水分蒸发后，溶解出来的盐留在土地上，就会形成盐结皮。其他物质溶解后也会形成石灰石或石膏结皮等。在沙漠地区，风会把沙子堆成沙丘。变成化石的沙丘、干裂纹或盐印（如右上图）显示出，它们形成时期的气候非常干燥。

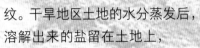

石灰石　　在较浅的热带海域中，有着由钙板金藻、海绵或珊瑚组成的礁石。如果这些礁石中的生物随着时间的流逝沉积，就可以形成像白云石（如下图）这样的岩石，它们也是所在地区曾经气候温暖的证据。

冰　　在南极大陆和格陵兰岛，人们可以找到大约 40 万年前形成的冰层。由于极地的夏天总是有阳光照耀，而冬天一直是黑夜，因此这些冰在季节更替之间不断形成。通过数千米深的钻孔，科学家可以接触到很多年以前形成的冰层，并钻取出冰芯。研究人员在实验室中对这些冰芯进行分析。根据冰芯中的层状结构，可以像数一棵树的年轮一样数出冰的年纪。这块冰芯也会告诉我们很多有关过去气候的信息，我们可以从冰芯样品中分析各种元素的历史资料，如硫、砷、氟、钾等，这些都是研究环境变化的重要依据。

在大约 7 亿年前的前寒武纪末期，地球是一个巨大的雪球

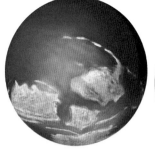

大约 5.42 亿年前的寒武纪气候温暖，海洋中诞生了丰富的生命。很多化石的发现都可以证明这一点

在大约 4.5 亿年前的奥陶纪末期，地球变得特别冷，以至于大部分生物都灭绝了

在大约 3.2 亿年前的石炭纪，热带地区生长着大量植物，它们是煤形成的基础

地质史上的气候

地球早期的大气层是什么样的？

目前人们尚未从早期地质时期的岩石中获取确切的关于地球早期气候的信息。我们也尚不确定大气层最早的组成成分。目前人们认为早期地球的表面非常炎热，以至于水都无法液化，只能以

下图是在前寒武纪时期形成的叠层石，右图是一个寒武纪时期节肢动物的模型

气体的形式存在。因此，当时可能还没有海洋，大量的水汽聚集在大气层中。直到大约 40 亿年前，地球才明显冷却下来，于是水聚集成原始海洋。当时的大气层可能有着与我们临近的金星和火星类似的组成成分：96% 到 98% 都是二氧化碳。大约 20 亿年前，当海洋中出现了大量可以制造氧气的生命之后，大气层中氧气的含量才开始增加。

目前我们知道的最早的生命可能诞生于大约 38 亿年前的前寒武纪早期。大约 30 亿年前，海洋中出现了由细菌、真菌和海藻组成的"垫子"，其中蓝藻变成化石（叠层石）后保存了下来。这个由微生物组成的"垫子"，有能力利用太阳能把二氧化

赤铁矿

大约 20 亿年前，红色的赤铁矿在岩石中保存了下来。这种红色，是由一种氧化铁形成的。只有当空气中有足够多的氧气时，才会形成赤铁矿。这显示出，20 亿年前的大气层中包含的氧气，肯定比地球诞生时要多。

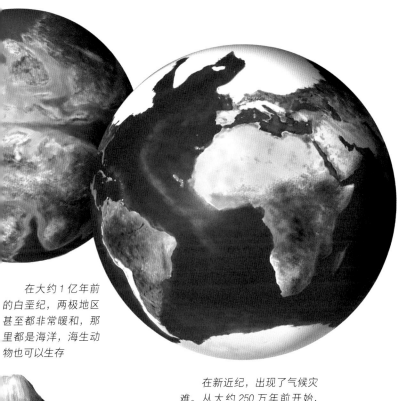

碳转换为有机物质。在这个过程，也就是"光合作用"的过程中，这些微生物释放出了氧气。于是，这些地球上的早期生命，就逐渐增加了大气层中的氧气。

形成生命的海洋需要比较温暖，生命才可以存活下来。可是温度如何在比较窄的范围之内变化呢？为什么后来的温度没有变得比现在更高呢？

这应该是因为我们最重要的能量来源——太阳。在早期地质时代，太阳辐射的强度要比现在弱大约五分之一。在地质史的发展过程中，太阳辐射越来越强烈，而二氧化碳的含量则逐渐下降。这是由于植物的生长造成的，它们会从空气中吸收二氧化碳。这样，借助早期的生命、太阳能和温室效应的相互作用，后来的气候达到了相对平稳的状态。

在大约1亿年前的白垩纪，两极地区甚至都非常暖和，那里都是海洋，海生动物也可以生存

在新近纪，出现了气候灾难。从大约250万年前开始，地球进入了冰期

大陆漂移

地球表面的陆地和海洋分布并不是一成不变的。大陆会在地幔上方缓慢"漂移"。因此，地球表面在数亿年的时间里，发生了巨大的变化。

最早的冰期是什么时候出现的？

最早的冰河期是休伦冰河时期，出现于距今24亿至21亿年前，在北美洲休伦湖地区留下了冰川擦痕、冰碛物和由冰山携带的碎石，也就是漂砾。从那时起，地球上的气候在漫长的冰期和间冰期之间不断交替。

在距今大约20万年前，欧洲、亚洲和北美洲的北部地区都被冰层所覆盖。猛犸象曾生活在苔原地带，原始人类通过捕猎它们获取食物

这些非洲纳米布沙漠中的大约 6.35 亿年前的冰碛物证明，当时整个地球都结冰了

这些发现于阿根廷的大约 2.8 亿年前的漂砾，是冰山融化后所留下的

漂砾

冰山携带着大量的岩石，当冰山移动或滑入海中时，岩石会脱落，留在陆地上或沉入海中，这就是漂砾。漂砾会被冰川带到很远的地方，它们与周围岩石的材质和形状都不太一样。

地球在什么时候完全被冰覆盖？

在一个漫长的温暖气候之后，地球在前寒武纪的末期变得非常寒冷。我们从年龄在 6 亿到 8.5 亿年之间的岩石上找到了证明当时赤道地区都存在冰川的证据。引起这样极端寒冷气候的原因，现在对于研究人员来说还是个谜。研究人员猜测，由于地球上温度的下降，极地首先形成了冰层。这些浅色的冰会大量反射太阳辐射，因此地球表面变得越来越寒冷，最后冰层延伸到了赤道地区。当时，所有的海洋都被冰层覆盖着，而地球就如同一个巨大的雪球。为此，科学家把它称为"雪球地球"。形成于各个地质时代的岩石显示，地球经历了多个异常寒冷的冰期，中间夹杂着若干温暖的间冰期。

地球是如何变暖的？

不过，地球内部的力量并没有受到地球表面结冰的影响，一直在发挥作用。在炎热的上层地幔，岩浆不断形成，并向地表运动。在火山喷发时，这些岩浆岩以岩浆的形式来到地球表面，与此同时，还释放出大量的二氧化碳。

也有理论认为，在雪球地球时代，地球上的火山非常活跃。因此，大气层中温室气体的含量不断上升，气温也上升到让这些冰开始融化的程度。由于冰的减少，被反

冰期和间冰期在地质史中不断交替出现

间冰期

冰期

前寒武纪 46 亿年前到 5.42 亿年前	寒武纪 5.42 亿年前到 4.88 亿年前	奥陶纪 4.88 亿年前到 4.43 亿年前	志留纪 4.43 亿年前到 4.16 亿年前	泥盆纪 4.16 亿年前到 3.59 亿年前	石炭纪 3.59 亿年前到 2.99 亿年前	二叠纪 2.99 亿年前到 2 亿年前

古生代

在石炭纪，沼泽、森林不断扩张。死去的树木不能在沼泽中完全分解，因此变成泥炭

由于多层的重叠，泥炭被压紧，于是形成了褐煤

之后的地层让压力和温度继续升高，使得褐煤变成了含碳量更高的煤矿

射回去的太阳辐射也在减少，这样地球就变温暖了。在寒武纪的末期，地球逐渐重新回到了温暖状态。

古生代的物种是如何灭绝的？

在寒武纪，也就是古生代的第一个阶段，地球上出现了温暖的气候，并持续了大约2亿年的时间。当时，海洋中进化出了种类繁多的生物。不过，这些生命的形式对于今天来说非常古老。在大约4.4亿年前的奥陶纪，短暂而强烈的气候变冷打断了这个漫长的间冰期。

我们可以在现在的北非找到那时气候寒冷的证据——冰碛物和冰川擦痕，这个结冰的中心在今天的撒哈拉大沙漠。很多物种都没能逃脱那次气候灾难，因此灭绝。

最早的煤是如何形成的？

在大约4亿年前的古生代中期，此前只有地衣、真菌和苔藓的陆地上开始生长出更高的植物。植物要长高，就必须拥有结实的枝干，早期的树木就这样形成了。

通过光合作用，这些迅速生长

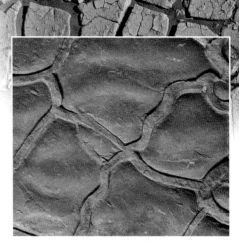

这片位于纳米布沙漠中的裂纹，在土地干燥时就会形成。我们可以在所有的地质年代中找到变成化石的干裂纹，这个位于摩洛哥的干裂纹化石（上图）有大约5亿年的历史

的植物可以结合大量的碳元素。死去的树木和其他植物在沼泽和洼地中很难被完全分解，于是它们最终形成了煤。此时，这些植物中包含的碳仍然保留在煤中，而没有通过腐烂的过程重新返回大气层。因此，大气层中的二氧化碳含量明显降低，这在一定程度上减弱了温室效应。其结果就是冰川又重新在地球上蔓延开来。

三叠纪	侏罗纪	白垩纪	古近纪和新近纪
51亿年前到1.99亿年前	1.99亿年前到1.45亿年前	1.45亿年前到6500万年前	6500万年前到250万年前

第四纪
250万年前到现在

中生代	新生代

31

恐龙时代的气候是什么样的?

中生代时期开始时，地球又变得非常温暖。在白垩纪，也就是恐龙统治地球的时代，气候非常适合动物生存。这个时期，火山也特别活跃，它们向大气层喷出很多二氧化碳，因此加强了温室效应。

这时的气候温暖还有一个原因：地球上的大型火山都在海底的大洋中脊上。熔岩从海底涌出并变硬，形成了新的岩浆岩。这个巨大的海洋山脉因此不断扩张，海水受到挤压，于是海平面开始上升。在白垩纪，海面下的火山非常活跃，因此陆地被大面积淹没。由于海洋的表面比大陆颜色更深，地球上太阳辐射反照率整体降低了。这样，地球气候就更温暖了。

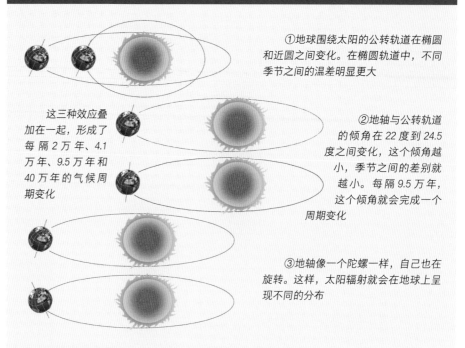

米兰科维奇循环

①地球围绕太阳的公转轨道在椭圆和近圆之间变化。在椭圆轨道中，不同季节之间的温差明显更大

这三种效应叠加在一起，形成了每隔 2 万年、4.1 万年、9.5 万年和 40 万年的气候周期变化

②地轴与公转轨道的倾角在 22 度到 24.5 度之间变化，这个倾角越小，季节之间的差别就越小。每隔 9.5 万年，这个倾角就会完成一个周期变化

③地轴像一个陀螺一样，自己也在旋转。这样，太阳辐射就会在地球上呈现不同的分布

塞尔维亚科学家米卢廷·米兰科维奇发现，在早期地质时代，冰期和间冰期之间的更替由地球围绕太阳的运动所控制。其中，每 9.5 万年出现一次的地球倾角的改变扮演着特别重要的角色：在过去的 40 万年间，出现了 4 次冰期和间冰期的更替。此外，人们还发现了米兰科维奇循环与温室气体之间形成了一个正反馈效应：首先是地球温度发生改变，然后是大气层中的二氧化碳浓度加强。

直到大约 2 300 万年前，也就是在新近纪，地球又重新变冷，在南极形成了一直持续到现在的冰盖。而在大约 260 万年前，北半球才开始结冰。

白垩纪时期的气候

白垩纪时的气候非常炎热，以至于极地的冰川都融化了。在原来分布着冰川的地方，长出了茂密的阔叶林。甚至恐龙也在极地区域定居，这正如南极发现的化石所证实的那样。今天的英格兰的海岸、德国北部和丹麦等区域在那时均被海水淹没。无数微小的钙板金藻沉积下来，并形成了多佛白崖（英格兰）、吕根岛（德国）和莫恩白崖（丹麦）等地著名的白垩岩。

吕根岛的白垩海岸

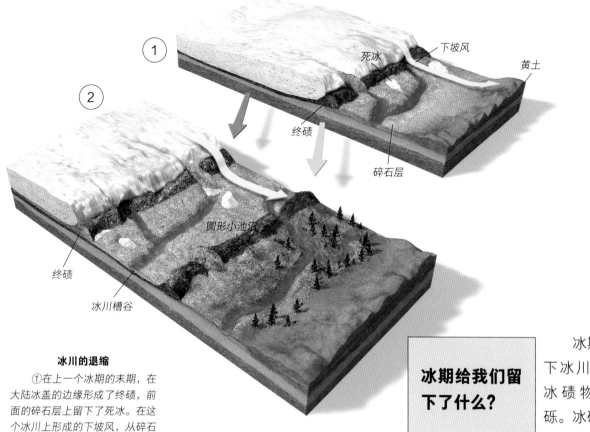

① ②

死冰　下坡风

黄土

终碛　碎石层

圆形小池沼

终碛

冰川槽谷

冰川的退缩

①在上一个冰期的末期，在大陆冰盖的边缘形成了终碛，前面的碎石层上留下了死冰。在这个冰川上形成的下坡风，从碎石层上吹起微小的尘土，并把它们堆积到丘陵的边缘，形成了黄土

②冰川在持续变小，并形成新的终碛。原来的死冰融化了。死冰洞，也就是所谓的"圆形小池沼"会保留下来。在冰川退缩的过程中，植被的面积会不断扩大

冰川槽谷

冰川槽谷又叫"U形谷"，因冰川侵蚀而成，山谷较陡，谷底平缓，类似字母"U"。

我们现在生活在全新世时期吗？

新近纪的气候灾难结束之后，地球进入了第四纪。这时的气候也在冰期和间冰期之间更替，但是在冰期内也会有短暂的温暖时期。与白垩纪以及地球上无冰的古近纪早期相比，在这些短暂的温暖时期里，极地地区和山脉上的冰不会完全消失。

现在的地质时代，就是第四纪中的全新世。在全新世中，我们正在经历一个非常暖和的间冰期，假如没有人类影响的话，在接下来的几千年里可能会经历一个新的冰期。

在冰期的末期，冰川融化，在洼地形成冰川湖

冰期给我们留下了什么？

冰期会留下冰川擦痕、冰碛物和漂砾。冰碛物是冰川移动留下的岩石、沙砾等物质的总称。冰碛物在冰川边堆成的垄堤就是终碛。

冰川还会留下湖泊和河流。冰碛湖是冰碛物之间的洼地积水形成的湖泊，如果冰碛物阻塞了河流，也会形成冰碛湖。冰蚀湖是冰川侵蚀作用造成的洼地积水而形成的，在中国的藏北高原有很多冰蚀湖。

冰川也是很多河流的源头。高山融雪从山上往下流并发生侵蚀作

漂砾（如左图）和圆形小池沼（如右图），是冰期留下的印记

用，形成了河流。长江和黄河都发源于冰川，长江发源于唐古拉山脉，黄河发源于巴颜喀拉山脉。欧洲多瑙河的部分支流和莱茵河发源于阿尔卑斯山脉的冰川。

上一个冰期是如何结束的？

上一个冰期是距今11万至1.2万年前的维尔姆冰期，这个冰期的结束并不是瞬间发生的。当冰川在北美洲西部不断萎缩时，在东部还存在着大量冰障，于是在安大略湖地区形成了一个巨大的冰堰湖。当冰川消融，冰障被打通后，这个冰堰湖里面的淡水全部进入了大西洋。因此，深海洋流在这里就无法形成，墨西哥湾暖流也暂时断流了。其结果就是诞生了一个短暂的寒冷期。

在最新的地质时代，也就是在人类已经有了文字记录的历史时期内，气候仍然发生了明显的波动。

在罗马时代，欧洲的气候很温和。迦太基将军汉尼拔甚至可以带着象兵穿越阿尔卑斯山，因为当时这座山并没有那么冷，它上面没有像几百年以后那样覆盖着厚厚的冰雪。

在大约公元1400年，也就是中世纪的末期，气候发生了明显变化，出现了所谓的"小冰期"。此时，欧洲的气候明显变冷。在名字含义为"绿色的土地"的格陵兰岛上的变化最为明显，这个曾经气候温和的地方，冰川重新席卷而来。很多人和动物被冻死了，大多数居民因此离开了格陵兰岛。直到大约公元1850年，整个欧洲的气候才开始重新变暖。

在遥远的未来……

尽管人们对于过去和未来的气候有着各种各样的推断。不过可以肯定的是，在非常遥远的未来，地球上的气候将变得非常炎热。因为我们知道，太阳在不断膨胀，并且辐射也越来越强。由于太阳带来的巨大热量，可能在若干亿年以后的某个时间，地球上将不再有生命。可能在数十亿年之后，太阳会变成一个体积巨大的红巨星。它会吞噬水星和金星，并把地球上的岩石熔化成为炎热的岩浆海。

下图是荷兰画家彼得·勃鲁盖尔的一幅描绘冬季景色的画作，它创作于小冰期时期的公元1565年

人类和气候

大多数气候变化都是在没有人类参与的情况下进行的——人类既不能改变太阳辐射的强度，也不能影响地球围绕太阳的公转。不过在温室效应中，情况看起来有些不同。大气层中温室气体的浓度，通过自然的温室效应调节着气候。当人们改变了大气层中温室气体的总量时，气候变化就开始受到人类的影响了。现在，温室气体出现了不断增多的情况。通过分析在南极冰芯中的气泡，我们可以知道以前大气层中的二氧化碳浓度有多高。这个测量结果显示，上一个冰期中大气层中的二氧化碳含量要比现在低得多，而在间冰期时二氧化碳含量与工业革命之前的数值相当。只有在最近的几百年间，大气层中的二氧化碳浓度才明显上升。很明显，是人类造成了这个结果。

人们把这个由于人类引起的温室气体浓度的升高以及对大气层的影响，称为"人为因素"——由人造成的温室效应。

人类强化了这种温室效应：在发电厂中燃烧煤来发电，燃烧石油和天然气进行加热或用于交通运输。在这些过程中，会释放出大量二氧化碳。在农田和家畜粪便中发生的化学反应，也会把甲烷这种温室气体送入大气层

16℃

0 ℃

35

工业化之前的世界：工作是手工劳动，不需要机械，也不会消耗燃油。照明时使用蜡烛，没有电灯

为什么二氧化碳在空气中的含量会增加？

人们从 19 世纪开始大规模使用化石燃料。当时的社会正处于变革时期，也就是"工业革命"时期。社会发生着飞速的变化：人类在此之前主要是从事农业劳动，而技术变革使得越来越多的工厂拔地而起。

对于工厂来说，最大的需求就是能量，这种需求主要通过燃烧煤来满足。但在这个过程中，不只导致大气层中二氧化碳含量升高的主要原因是化石燃料的燃烧。

是产生热量（能量），也会产生"副产品"二氧化碳，它会通过烟囱排入空气中。

工业革命开始以后，全球的能源消耗越来越多。除了煤之外，人们还使用其他化石燃料，主要是石油和天然气。

"消耗"在这里通常意味着"燃烧"：为的是给我们的房屋供暖，让汽车跑起来，让飞机飞行或者为了发电。

目前全球每天消耗着将近 1 亿桶石油。当这些化石燃料燃烧时，会释放大量二氧化碳。

每年二氧化碳等**温室气体**的排放量不断增加。据统计，2019 年，全球燃烧化石燃料产生的二氧化碳排放量约有 368 亿吨！为了减缓全球气温上升，全球各国必须努力减少碳排放量。发达国家应当比发展中国家更快地实现减排，但所有国家都要做出更多贡献。

发电厂中产生的电会传输到用户那里

煤被开采出来并在发电厂中用于发电

二氧化碳被存储在岩层中

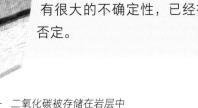

碳存储

曾有研究人员设想过将二氧化碳捕捉并"监禁"起来，使它不会回到空气中的办法。例如，可以把这种温室气体输送到地下的岩层，也就是地壳或更深地层的巨大空洞中。不过要实现对二氧化碳的分离和存储，也需要消耗非常多的能量。此外，也有人担心二氧化碳不能有效存储在岩层中，而是会慢慢或者突然逃逸，最终还是会回到大气层中。这种碳存储方法有很大的不确定性，已经被世界气象组织否定。

随着工业化进程的不断推进，越来越多的使气候变暖的温室气体被排放到了空气中

二氧化碳 (ppm)

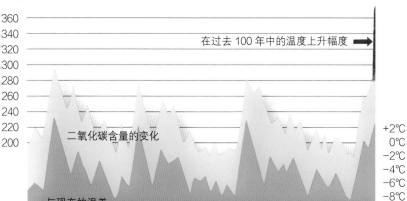

在过去 100 年中的温度上升幅度 ➡

二氧化碳含量的变化

+2℃
0℃
-2℃
-4℃
-6℃
-8℃

与现在的温差

350 000 300 000 250 000 200 000 150 000 100 000 50 000 0

距今……年

在过去 40 万年里，大气层中二氧化碳的含量始终在 200~300ppm 之间波动。直到最近 100 年，这个含量才明显升高：2019 年达到了 415ppm。"ppm" 这个单位是英文 partsper million 的缩写，意为"百万分之一"。因此，1ppm 二氧化碳也就表示，在一百万的大气层微粒中含有 1 个二氧化碳微粒

每年，全球大约有 13 万平方千米的森林被毁

砍伐森林对气候有着怎样的影响？

由于砍伐森林，人类也间接地让大气层中的二氧化碳含量不断增高。每年，人们为了获取木材、开采矿藏或开垦牧场，都会导致大片的森林消失。这种对森林的破坏会在两方面对气候造成影响：一方面，人们在焚林开荒时会

燃烧树木，这会向空气中释放大量的二氧化碳；另一方面，毁掉森林会毁掉一个重要的二氧化碳存储器，因为一棵完好的树木可以通过光合作用从空气中吸收很多二氧化碳，并释放出氧气。

未来全球温度会上升多少？

由于温室效应，二氧化碳浓度的上升必然会对气候造成影响。我们可以简单地运用下面这个规则：二氧化碳含量低，则温度低，气候寒冷；二氧化碳含量高，则温度高，气候炎热。例如，在大约 1 万年前的上一个冰期中，大气层中二氧化碳的浓度只有大约 200ppm。与此相比，在大约 12.5 万年前的间冰期，二氧化碳的浓度大约为 280ppm。

2019 年，我们测得的二氧化碳浓度数值约为 415ppm。也就是说，我们现在对大气层中二氧化碳浓度的影响，要比过去 40 万年间大自然的作用还要大。

气候研究人员估计，在过去的几百年里，人类排放的大量二氧化碳，造成全球气温整体升高了大约 0.6 摄氏度。

令人担心的是，持续的温度上升仍然摆在我们面前。我们现在消耗能源所排放的二氧化碳，会对气候造成很长时间的影响。

气温到底会升高多少，现在难以预测。科学家们猜测，全球气温到 2100 年会上升 1.8 到 4 摄氏度。如果不控制二氧化碳的排放，升温幅度可能高达 6 摄氏度。

动物群和植物群的变迁

对于生活在一个特定环境中的物种来说，气候变化会带来严重的物种危机。例如北极熊，还有羱羊、旱獭和火绒草这样的高山"居民"，

以及热带雨林中种类繁多的动植物。像珊瑚礁这样敏感的小生态系统，即使温度上升幅度很小，也会造成非常严重的后果。

当全球温度升高好几度时，三分之一的物种会有濒临灭绝的危险。除了气候变化本身，在干旱地区的动物和植物，还会面临火灾的危险。

冰川融化后会有什么样的影响？

当温度在最近几百年持续上升时，我们周围的环境也发生了变化。例如，气候变暖在非洲有一个非常明显的标志：最高峰海拔 5 895 米、原本被冰雪覆盖的乞力马扎罗山，现在它的"寒冰王冠"已经越来越小，因为冰川融化了。类似的景象也出现在阿尔卑斯山：这里的冰川在缩小，很多冰川会在 21 世纪末完全消失。

对于上述这些地区来说，这会带来很多问题。例如，阿尔卑斯山上的冰川存储着大量淡水，这些冰川是这个地区淡水资源的重要组成部分。此外，冰川还可以调节当地

疾病携带者

更暖和的气候会促进蚊子和壁虱的繁殖，而它们携带了危险的疾病。壁虱是莱姆病和脑炎的携带者，蚊子是热带疾病疟疾的携带者。2018 年，全世界有大约 40 万人死于疟疾。

北极熊由于气候变暖而面临着灭绝的危险

风景在变：奥地利大格洛克纳山上的巴斯特泽冰川在不断消融

危险——
永久冻土的融化

阿尔卑斯山的居民已经在炎热的夏天观察到很多不同寻常的岩崩和山崩，这是气候变化的结果。因为在高山上起稳定作用的永久冻土层开始融化。赤道以北几乎四分之一的土地，都分布有永久冻土。如果这些永久冻土融化，原本硬的土地就会变软甚至变得泥泞——这对于修建在西伯利亚和阿拉斯加永久冻土之上的居民区、街道、铁路线和管道来说，是一个严重的问题。

的降水量，如果气候变暖，冰山的调节能力就会变弱，冬天就会下更多的雨，而不是下雪，这样就会造成大量的水不受限制地流到山下。其后果就是，在冬季会暴发洪水和泥石流，久而久之，冰川融化，河流因缺少冰川的水供给而干涸。

海平面会上升吗？

冰川的融冰水会通过河流汇入海洋，并让海平面上升。气候研究人员估计，地球上所有山岳冰川的

融水会导致海平面上升大约0.5米。

这听起来不多，可是地球上还有更大的冰层，会由于更高的温度而面临消融的危险。

地球上最大的淡水存储库是南极大陆的冰盖。在南极附近，汇集着以冰为形式的大约2 700万立方千米的水。如果南极的冰全部融化，那么海平面会上升大约60米。而格陵兰岛上的冰也有大约260万立方千米，如果这里也完全融化，还会让海平面继续上升大约6米。

在南极聚集着大量的冰川，它们始终在缓慢移动

①南极覆盖着1 000 到3 000米厚的冰层。降雪会让这个冰层压得更紧，并产生移动

③其中有一部分冰盖蒸发了

⑤断裂的冰山在冬天会形成浮冰，在夏天则会融化

②大陆冰盖向大陆边缘移动

④当大陆冰盖到达海洋时，就会有冰山断裂并滑入海里

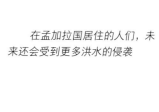

在孟加拉国居住的人们，未来还会受到更多洪水的侵袭

甲烷气体水合物

在永久冻土和海洋的底部，有大量的甲烷以气体水合物的形式存在。水和甲烷在低温和高压下结合成一种固态的白色物质，也就是形成了这种水合物。如果这些土壤融化或者海水变热，这些温室气体会被释放出来，并加速气候变暖的过程。

为什么这种变化难以预测？

对于前面描述的海平面的上升程度，我们无法准确进行预测。有很多因素会导致冰面的变化。比如，地球上的冰越少，反照率就越低，被反

作为全球气候变暖的后果，暴风雨等恶劣天气将会增加

射的太阳辐射也就越少，气候变暖就会更明显。更高的温度会使海洋中更多的水蒸发，这会导致地球上的降水量更大。在极地区域，更多的降雪又会使冰面变大，这又会造成反照率增加并阻止气候变暖。

不过，北极海冰的融化对于海平面没有任何影响。因为北极没有大陆，因此北极的冰都是漂浮在极

地海洋上的。这与在玻璃杯中放入冰块是一样的：当冰块融化时，玻璃杯中的水面并不会上升。

总而言之，气候研究人员认为海平面在 21 世纪上升半米是很有可能的。可即便如此，也已经足以威胁到数以百万计的人——例如在孟加拉国这样的低地国家居住的人们，现在时常会遭受洪水的侵袭，还有其他很多岛国和海岸区域都是如此。

气候变化在哪里显得特别强烈？

如果气候变暖，可以预计的是，海平面会上升，陆地变暖的情况要比海洋严重，亚热带地区的沙漠会扩张。冰川、冻土和海冰将不断缩减，海洋酸化和气温上升还会引发大规模物种灭绝。很多地区会频繁出现极端天气，例如热浪、干旱、暴雨、暴雪等。

人口爆炸

直到 20 世纪中期，人口增长还较为缓慢。在 1700 年时，地球上大约居住着 5 亿人；到 1950 年时，这个数字增加到大约 25 亿。从那时起，人口明显增加，到 2020 年底全球将有大约 79 亿人，到 2050 年时甚至会达到 90 亿人。越来越多的人居住在狭窄的空间并使用水和石油这样的资源时，对气候变化的影响就越大。

没有水就没有生命：在非洲，扩大的干旱区域会造成更多的地方无法居住

火灾不仅会毁灭森林，而且还威胁着人们的居住地，对于该地区的动物群和植物群来说也是一个巨大的威胁

根据位置和季节的不同，洪水泛滥和干旱肆虐的危险也会不同程度地增加，后者还会导致森林大火。特定的疾病会由于气候带向北推移而增加。

在所有大陆中，非洲会受到最严重的影响。因为这里的很多人还依靠农业生存。沙漠扩张、干旱和洪涝这类极端现象的增加，会导致严重的问题并威胁到很多人的生存。

此外，还要考虑到的是热带疾病的蔓延，这不仅会直接危害人的生命，也会导致当地旅游业长时间的衰退。

对于南亚和很多太平洋上的岛国来说，气候变暖也是最大的问题。在海岸区域居住的数以百万计的人会面临海平面上升的威胁。与此相比，在亚洲的某些地区，例如在印度的部分地区，干旱缺水的情况会明显增多。

气候模型

研究人员试图利用计算机准确预测未来的气候。在这个气候模型中，所有重要的参数，例如太阳辐射、反照率、温室气体以及通过风和洋流引起的热传递，都会被计算在内。尽管这个模型只是接近现实，但是它可以让人们知道气候变化的原因和带来的影响。例如，人们在改变太阳辐射的参数时，这个模型就会显示出这种改变会对气候造成什么样的影响。这些研究结果会在专业期刊、学术会议或者政府的报告中发表。

研究人员在讨论中常常发现某些特定的假设或理论需要修改。也只有这样，研究人员才能不断完善他们的模型。

气候保护

很多专家和政府机构对此达成一致：气候保护不仅是人类必须做的，也是切实可行的。重要的是，至少应该把未来几十年的全球升温控制在一定的范围之内——因为停止或者逆转这种温度上升的趋势是不可能的。地球的温度在未来会平均上升2摄氏度还是5摄氏度，其造成的结果有着巨大的差别。因此，一切努力都是非常值得的。

能源政策和气候保护必须具有"可持续性"，人们在今天会越来越多地听到和看到"可持续发展"这个词。

"可持续发展"意味着，我们在做出决定时，不仅要考虑到现在的状态，也必须考虑到未来的情况。举一个例子：新建一个煤电厂后，它可以提供电力，不过这只是从"这里"和"现在"来看是一件好事。可是对于我们的后代来说，这座发电厂意味着更多的二氧化碳被排放，会对气候产生相应影响。想要做出具有可持续性的计划和行动，就必须考虑到这些问题并寻找一个不会给我们的子孙后代带来威胁的方案。这不仅是个人的责任，

展　望

在地球上，化石燃料并不是用之不竭的。很难计算现在的石油储备能维持多长时间，这取决于这种消耗是否像现在这样高，以及人们是否能改进现有的技术并发现新的资源。不过事实上，在并不遥远的未来，这种化石燃料的储备必然会减少。因此，最重要的是开发可再生能源。

风能设备

地热电厂

太阳能设备

二氧化碳吸收

并不是所有由人类排放的二氧化碳都会进入大气层：这些排放出的二氧化碳，大约三分之一会被海洋吸收，大约五分之一会被植物和森林存储。剩下的二氧化碳才会被排放到大气层中。

也是全世界人民的任务。

可再生能源扮演着什么样的角色？

为了限制气候变暖，专家们要求到2050年时把二氧化碳的排放量减少到现在的一半。为了达到这个目标，我们必须整体性地减少能源消耗，并在生产能量时尽可能地减少二氧化碳排放。首先，在使用化石燃料时，排放尽可能少的二氧化碳。例如，氢气在燃烧时不会释放二氧化碳，因此氢气燃料对环境更有利。

此外，传统的发电厂也可以通过提高燃料利用率来改进这个问题。不过，对于我们来说，这是有限制的：煤、石油和天然气的利用不可能不排放二氧化碳。因此，仅仅是在这个方面进行改进，是肯定无法达到"减排"目标的。

太阳能、风能、水能、生物能和地热：人类开始利用这些可再生能源。未来，它们可以为气候保护做出重要的贡献

水电站

用于生产生物燃料的油菜籽田

BIO

BIODIESEL

使用生物燃料的载重汽车

电动汽车

43

因此，对于气候保护来说，可再生能源扮演着一个重要的角色。这种能源并不是通过人为开采（例如化石燃料）产生的能源，而是人们利用大自然中的能量，例如借助太阳、风和水。与化石燃料不同的是，可再生能源几乎是用之不竭的——对于我们来说，太阳还可以使用大约 50 亿年。

我们如何节约能源？

如今人们能够负担得起能源消费，相应的，人们在使用能源时也变得大手大脚。在人们使用化石燃料获取能源时，低能源消耗率也意味着低二氧化碳排放。因此，节能是一个重要的气候保护方法。例如电子设备公司的研发部门继续降低电子设备的耗电量，或者汽车公司研制节约燃料的汽车。

还有一个重要的方面是房屋的隔热性，因为室内取暖燃烧的能源会释放出大量的二氧化碳。隔热良好的房屋在取暖时会比以前的老房子消耗更少的能源。

可再生能源

太阳能

太阳的能量对于我们人类来说，是取之不尽、用之不竭的。在光伏系统中，可以通过太阳能电池把太阳能转换为电能。这样的太阳能电池和太阳能电池板，人们会越来越多地应用在屋顶上和外墙上，以及自动停车打卡机、手表、手机或电脑这样的电子设备上。目前，中国、美国和印度是全球排名前三大的光伏市场。

太阳能发电厂使用镜子把太阳辐射聚集起来，并通过聚集太阳辐射产生热量，这与人们使用放大镜点燃一张纸的原理类似。我们可以通过太阳加热水产生水蒸气，进而转换为电能。不过，太阳能发电厂只有设置在太阳辐射特别充足的地方才是合理的。

水能

人们在很早以前就开始使用水能，例如以前的水磨坊。现在，人们在水电站中把水能转化为电能，人们利用流动或者下落的水的动能，让它们驱动发电机运转。为了让水尽可能快速地流动或下落得更深（也就是可以释放出更多的能量），首先必须将水拦截。因此，世界上出现了像中国的三峡水电站和埃及的阿斯旺水电站这样巨大的水利设施。目前世界上前十个最大的发电站都是水力发电站，最大的水力发电站是中国三峡水电站，它的装机容量是世界上最大的核电站——日本柏崎刈羽核电站的两倍多。

水电站

在中国，2019 年有大约 18% 的电来自水能。在世界范围内，这个数值为 15.8%。在挪威，几乎所有的能源都来自水能。

风 能

越来越多的地区开始利用风能来满足不断增加的电力需求。风力发电的原理十分简单：如同在一个风车或风磨坊中那样，风会推动叶片带动转子。这个转子的动能通过发电机转化为电能。风能和水能一样是非常重要的可再生能源。2019 年，中国的风力发电量占比约为 5%。

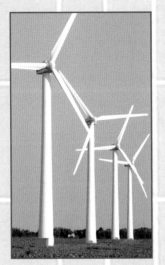

化碳，但是这样排放出的二氧化碳甚至还没有植物在生长时释放的多。生物燃料发电的比例在很多国家都只占一小部分。

地 热

地热能是使用在地壳中存储的热能。要想使用这种能源，需要通过钻孔"敲打"地球。它既可以用于直接加热，也可以用来产生电力。目前，地热能并没有被广泛开发。不过在冰岛这样由于火山较多而使得地热非常丰富的国家，地热能在其能源消耗中占有非常大的比例。

冰岛的一个地热发电厂

生物能

生物能由"生物燃料"产生，这包括木头、玉米、甜菜或油菜等在内的可再生原料。通过燃烧或发酵这些生物燃料，可以释放出能量。在这个过程中，虽然会释放二氧

核电站

原子能（核能）不是可再生能源，因为如果不消耗铀或钚，核反应就无法发生，而铀和钚是不能无限使用的原料。此外，核能也存在非常大的争议，这种能量产生的过程隐藏着巨大的危险，同时会形成具有放射性的废料，这给运输和储存都带来了巨大的问题。不过，核能是一种不产生二氧化碳的能量形式，因此它至少可以看作是对环境友好的过渡性解决方案。

危 险

在说完所有这些新能源的优点之后，还需要指出它们的缺点，以便于人们在保护气候的同时权衡利弊。例如修建大坝会对生态造成一定破坏，建造成本也很高。光伏系统虽然可以在不产生二氧化碳的情况下供电，但是受天气影响很大，还会产生废水。农民要是生产用于电厂所需的生物燃料，种植粮食作物的土地就会减少，而且种植这种生物燃料，对于环境来说并不总是友好的：例如在马来西亚，人们大面积地砍伐热带雨林，为的是给用于生产生物柴油的棕榈种植园腾出地方（如下图）。

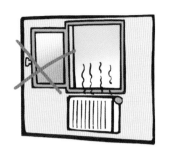

从《京都议定书》到《巴黎协定》

20 世纪 90 年代以来，各国逐渐认识到，气候变暖是对地球生态和人类的严重威胁。联合国多次召开以气候变化为主题的会议，制定了一系列共同应对气候变化的公约。

1992 年制定的《京都议定书》设立了将温室气体含量稳定在一个适当水平的目标。2005 年的《哥本哈根协议》表明要续行《京都议定书》，2015 年的《巴黎协定》取代了《京都议定书》，明确了减少二氧化碳排放的目标，期望更多国家共同努力减缓气候变暖。

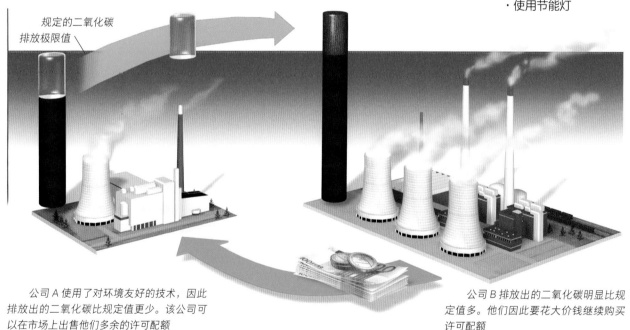

规定的二氧化碳排放极限值

公司 A 使用了对环境友好的技术，因此排放出的二氧化碳比规定值更少。该公司可以在市场上出售他们多余的许可配额

公司 B 排放出的二氧化碳明显比规定值多。他们因此要花大价钱继续购买许可配额

排放贸易

有的国家会给那些生产过程中会排放二氧化碳的公司分配排放许可配额，允许他们排放一定量的二氧化碳。一个排放二氧化碳较少的公司，可以把剩余的许可配额卖给那些排放二氧化碳较多的公司。对于许多公司来说，环保技术的投入可不是一笔小费用。二氧化碳排放量低的公司可以从中受益，另外一些公司则必须为高二氧化碳排放量支付费用。排放贸易可以促使那些温室气体的排放者变得更加节约。

高成本

德国经济研究中心认为，由于气候变化，仅仅在德国，到 2050 年就要花费 6 000 亿欧元来加固堤坝、修复自然灾害造成的破坏或补偿农业歉收。其他的研究者甚至认为，如果不对现在的气候变化采取措施，就会爆发世界经济危机。因为，要应对气温上升造成的后果，在接下来的几十年里要多花 5 万亿欧元。所以仅仅从经济角度来看，也要尽可能减缓全球气候变暖。

城市和乡村能为气候保护做些什么？

当全球各国的政府机构还难以统一制定出一个针对保护气候的强有力的计划时，在很多"小层面"上已经有了不少积极的信号。例如美国的加利福尼亚州是美国第一个强制减少温室气体排放的州。这样的事例有了越来越多的效仿者。而在欧洲，早就有了强制进行气候保护的团体，例如包括欧洲很多国家在内的，由超过 1 000 个城市、乡村、联邦州、地区和各种组织组成的气候联盟。

政府间气候变化专门委员会有什么任务？

为了推动气候研究并记录在这个领域中的科学研究状况，联合国成立了一个跨政府组织——政府间气候变化专门委员会（Intergovernmental Panel on Climate Change，IPCC）。这些让各国政治家不断了解最新研究进展的气候变迁评估报告，由全世界数百名科学家共同撰写。

气候变暖是一个全球性的现象，对所有人都有影响。因此，只有让保护气候的概念深入人心，当所有人共同努力时，气候保护才能取得显著成效。

来自全世界的青年志愿者，参加了 2007 年在巴厘岛举行的全球气候会议